Dedicado a nuestras hermanas Latinas.

STEM

Ciencias
Science

Tecnología
Technology

Ingeniería
Engineering

Matemáticas
Mathematics

Mi página de perfil

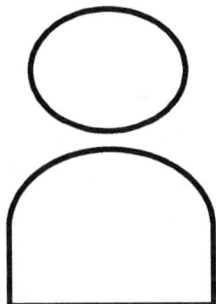

Sobre mí

_____

_____

_____

_____

_____

YO

Mi color favorito es:
_____

Mi canción favorita es:
_____

Mi juego favorito es:
_____

Mi mejor amigo/a es:
_____

Mis dibujos favoritos son:
_____

Mi estación del año favorita es:
_____

Mi película favorita es:
_____

Mi asignatura favorita es:
_____

Mi libro favorito es:
_____

Mi científico favorito es:
_____

Mi mejor talento es:
_____

Solo hay una persona como yo.

Soy singular.

Soy...

O

E   I

S I N G U L A R

Ú I C   A

A   L

L

original, única, especial

Tabla Periódica

```
M G F L Ú O R P L A T A Y T I T A N I O
A P Z S X X Q O S C U N O J J S Y U Q G
G O C E U Í C C I N C I D C B L H Q X V
N T J I E G A U K B W T O E V O A Q D N
E A L Q F E L D U U P R G A M E S E N J
S S J A J N C U M W K Ó W Z O S N W X R
I I T X R O I T E Z B G B C H E L I O I
O O R T N O O L R L U E A F T N X M J H
M H B R M P M V C M V N E D N D L Z C I
G N V J E C W B U S W O T U R G P Z J E
T N K L I F N H R P P Z K Y H P B F F T
H H U O L F O S I O W U K L I U Q V W R
M D S V C L O R O J J R K O D J Q B C O
B E P C K G O O R O G W B U R C D B D F
H D S G T V N K Y K N X Z Z Ó A N F C Y
M D F N K M M B B P Q G E O G R Y B A C
A L U M I N I O A T L U L T E B X P I O
G U M M K L Q N N A Z H W B N O D G Q C
P S B M X T L O M M J W Q K O N E R K M
E A R G Ó N S O D I O V W B U O C O O U
```

Encuentra las palabras:

hidrógeno	flúor	argón	cinc
helio	sodio	potasio	plata
carbono	magnesio	calcio	yodo
nitrógeno	aluminio	titanio	oro
oxígeno	cloro	hierro	mercurio

✦ Anagrama ✦

1. oesuñ   _____

2. oeitvbjo   _____

3. inviós   _____

4. óprpstoio   _____

5. ciapinarós   _____

6. insmói   _____

Lista de Palabras

✦ aspiración   ✦ sueño   ✦ objetivo

✦ misión   ✦ visión   ✦ propósito

Vamos a dibujar

Usa la cuadrícula como guía para ayudarte a dibujar la imagen.

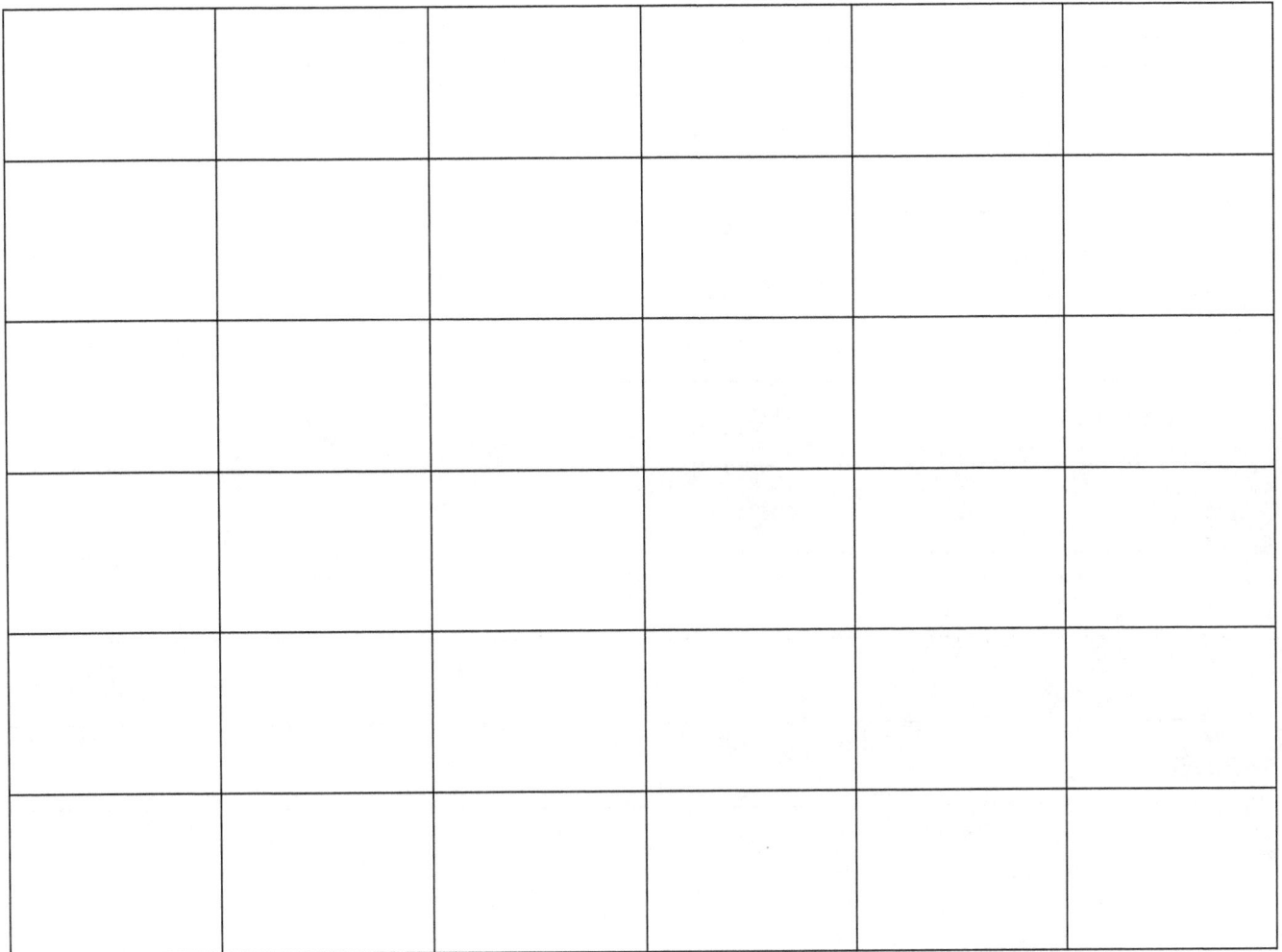

DanaClarkColors.com

Breve Historia

Usa las siguientes palabras para escribir una breve historia:

Objetivos	Equipo	Sueño o soñar
Fuerte	Inteligente	Amar
Inspirar	Ayudar	Mundo

hora del laberinto

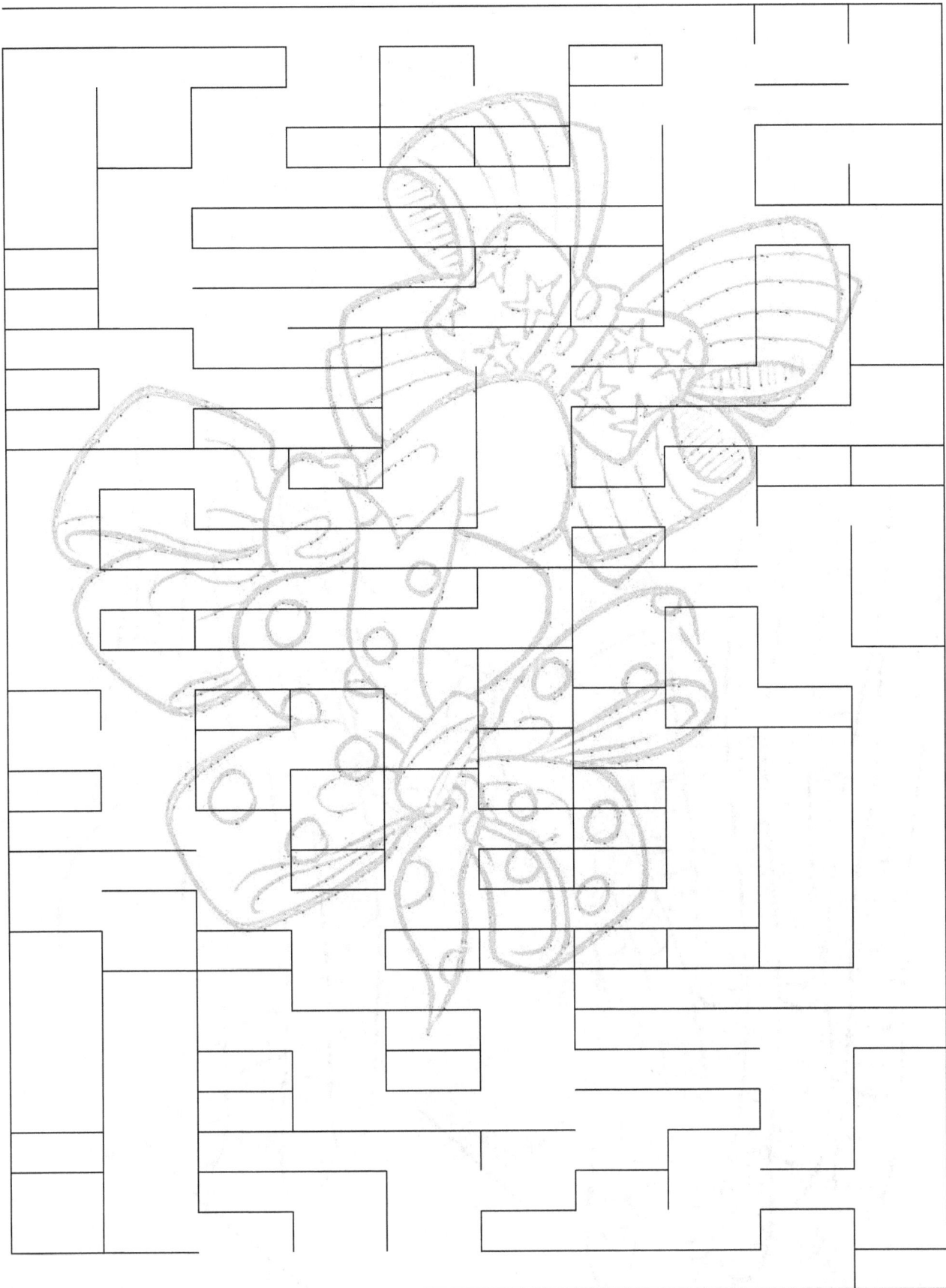

Un futuro brillante

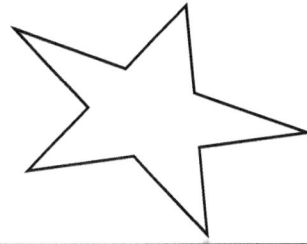

<u>Sí, yo puedo.</u>

Quiero crear _____

_____

Quiero viajar a _____

_____

Quiero descubrir _____

_____

Quiero explorar _____

_____

Quiero tener una carrera en _____

_____

Quiero enseñar _____

_____

Quiero conocer _____

_____

Quiero dar _____

_____

¡Mejor Preparada!

Ciencias de la Tierra

```
L L U V I A Á C I D A F H Y I U I M E S
X P L X Z S X I C E Q O Y G M L D D M Y
Q M I N E R A L Y M R G K X H B T K O K
B V S Q U O X E E S A B F O N O O A P T
Q E M Q R C Z J P X D N J T I I H F M H
X C K M R A D R F V I G L F E K W X J A
R U I Y R S B H U Q A E M H B X W N I T
I A N O Y I J P F G C O A U L J S L Q M
K D J Z Q W A L K H I S R M A W M A R Ó
O O O O Q K O C H D Ó F E E T T V T V S
Z R A N N V A Y L V N E A D Ó G G I B F
A I P O A C D A G O Z R G A X Y S T O E
H I D R O S F E R A C A D D I T C U R R
M E T E O R Ó L O G O L D V C E Z D K A
W Z V V B X M K B T C T O F A B T P O C
T I E R R A D W Z G L I S T F F Q P P B
O N D U L A C I Ó N I T A Y S P K B M
T K R T N R W X R X M U H A M P P C A T
J Q F V S W Z C M T A D L O N G I T U D
Q F C L Z F M A M A G N E T I S M O M C
```

Encuentra las palabras:

meteorólogo	atmósfera	magnetismo	geosfera
longitud	ozono	humedad	hidrosfera
latitud	radiación	altitud	marea
mineral	niebla tóxica	ondulación	rocas
clima	lluvia ácida	Ecuador	tierra

Letras Perdidas: Matemáticas

C_mp_s

R_gl_

_a_c__a_or_

B_la__a

Sé Creativo

¿Cuántas palabras puedes hacer usando las letras?

My Dana Clark Colors Spirit

_____   _____

_____   _____

_____   _____

_____   _____

_____   _____

_____   _____

_____   _____

_____   _____

_____   _____

ANAGRAMA

1. naiúc   _____

2. peeascil   _____

3. ipaatcrlru   _____

4. drleí   _____

5. sgaure   _____

6. ooalpeadxrr   _____

Lista de Palabras

⭐ líder   ⭐ única   ⭐ especial

⭐ particular   ⭐ segura   ⭐ exploradora

Ga$ta Ahorra Comparte

A DanaClarkColors le gustaría que tú pensaras sobre el dinero que quieres usar para comprar algo ahora, en el futuro, y en el dinero que te gustaría dar para caridad (donándolo o dándolo a un amigo necesitado).

Gastar: Gastaré algo de mi dinero en

_____

_____

_____

_____

_____

Ahorrar: Ahorraré algo de mi dinero para

_____

_____

_____

_____

_____

Compartir: Compartiré algo de mi dinero con

_____

_____

_____

_____

_____

Mi Vida

```
E M P R E N D E D O R A S W I I O T T K
X X C T R T U N W A H W Y G H K C S V L
A O R Q X I U D S C G M P H N M U N W Z
N O E V J E D C G A R T W Y S R A R M O
I S E A T O M T P R A I I O H L X Q W P
M P R E M I A D O R N W R C Z J E U Y T
A Q Z Z Y I Y H Q E D O O B W M U S S I
R V K O A C Z I K R E Y T S S Q V Q A M
R T Y L U Y O S L A Z I M R O X C E Q I
Y F L A Q N C O U J A S Z I R I H J D S
J M Q U Z Q X V L R H M Q V R F P S G T
E S P E R A N Z A D A E S P E R A N Z A
S N M O N I Y P S F E L I Z S O Y O B T
C O L A B O R A C I Ó N Y F Y U F H M Q
M Q B E D U C A C I Ó N H G R S U Z O N
F V S I B D P P R E P A R A D A T S T P
A P R E N D I Z A J E F F Z Z N U P I X
I N S P I R A R L I Y E R T W Z R Z V M
C O N F I A N Z A E B L D O T W O E A K
F V S J F U W U U P R O M E T E D O R B
```

Encuentra las palabras:

premiado	prometedor	preparada	optimista	feliz
futuro	esperanzada	grandeza	colaboración	aprendizaje
fe	creer	esperanza	inspirar	motivar
animar	confianza	carrera	educación	emprendedora

Lista del Proyecto de Ciencias

DanaClarkColors.com entiende que debes probar métodos para sacar conclusiones. Haz una lista de lo que necesitas para tu proyecto de Ciencias.

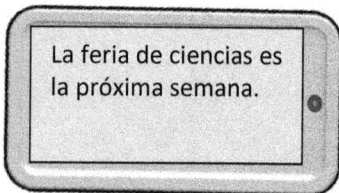

☐ _____   ☐ _____

☐ _____   ☐ _____

☐ _____   ☐ _____

☐ _____   ☐ _____

☐ _____   ☐ _____

☐ _____   ☐ _____

☐ _____   ☐ _____

☐ _____   ☐ _____

La feria de ciencias es la próxima semana.

Soy inteligente.

Soy curiosa.

Tengo confianza en mí misma.

Me quiero.

Yo sé quién soy.

¿Qué haces cuando te sientes:

Feliz _____

Triste _____

Fuerte _____

Asustada _____

Valiente _____

Enfadada _____

Agradecida _____

Envidiosa _____

Tranquila _____

Vamos a dibujar

Usa la cuadrícula como guía para ayudarte a dibujar la imagen.

Energía

```
D Z V P Q N M X I M A S A C U P V Y X M
C V T U A Z Z Y X J F R E C U E N C I A
T R R R N Z B P O N U L M E C Á N I C O
E T H A P J S M M F R B Q C N O P Q R M
M K E D T X G O G D J H R B C V Z U W F
P E S I D B F G N Y K Z P J D J M Í F B
E U N A B U W U X K J L U M Y C U M E N
R A E C P N S L M W U L D X G X Q I L G
A L S I R L F W M E T É R M I C O C E S
T O Z Ó J Q B Q N M D C C T G B J O M E
U K J N Z N Y I W M G D V U B Z S S E N
R C X D S S G R A V E D A D K X E H N E
A O O X F O P E C P K C B H Y H X P T R
D E W M B L X A M O L É C U L A Z S O G
O N D U L A C I Ó N R E N O V A B L E Í
C A L O R R X U H N O T J G T M E K S A
K F E Q O I U Q P U V I C I N É T I C O
Y F V N Á T O M O P O A C S F U E R Z A
P E S O K E Q S H T Z S R K A G V W E D
T A N E E T O J J F G W W M L I G E R O
```

Encuentra las palabras:

átomo	temperatura	peso	molécula	masa
elemento	energía	ondulación	fuerza	frecuencia
térmico	cinético	químico	renovable	mecánico
calor	ligero	radiación	gravedad	solar

Letras Perdidas: Ingeniería

B _ o _ é _ _ c _

_ ec _ ni _ o

N _ cl _ a _

_ l _ ct _ _ c _

Anagrama

1. gmiania _____

2. arjoec _____

3. rpxlaeo _____

4. seubcrde _____

5. erca _____

6. spinrai _____

Lista de Palabras

imagina   explora   inspira

coraje   crea   descubre

Para estar seguro en línea

Antes de publicar algo en línea, PIENSA. Escribe lo que pienses sobre tu publicación.

¿Es verdad?
¿Es perjudicial?
¿Es ilegal?
¿Es necesario?
¿Es favorable?

¡¡¡FICHAS!!!

✂

Figura cerrada formada por segmentos de líneas. Cada línea cruza exactamente otros dos segmentos de línea.	Polígono con 4 lados
Un cuadrilátero que tiene todos los lados iguales y cuatro ángulos rectos.	Polígono de 3 lados (la suma de los ángulos interiores = 180 grados)
Polígono de 4 lados con todos los ángulos rectos.	Polígono de 4 lados con lados paralelos iguales dos a dos.
Polígono con 5 lados.	Polígono con 6 lados.
Polígono con 7 lados.	Polígono con 8 lados.
Polígono con 9 lados.	Polígono con 10 lados.

Figuras Geométricas

¡¡¡FICHAS!!!

Cuadrilátero	Polígono
Triángulo	Cuadrado
Paralelogramo	Rectángulo
Hexágono	Pentágono
Octágono	Heptágono
Decágono	Nonágono

Figuras Geométricas

hora del laberinto

Vamos a dibujar

Usa la cuadrícula como guía para ayudarte a dibujar la imagen.

Yo tengo

```
X U Z D L Q M S S V A L E N T Í A W Q K
C I L E M J O F X I M A G I N A C I Ó N
I P S M I Y F V W X Y B S K W L Y N S F
F N F D U W H Q W M M W J Q R E K T B U
R W X E D P J V D G Q G S K I T A E O E
L M F Y O D P A I V A L O R E S I L W R
B Q Z Z V H J L G X M G T K V F W I R Z
E Z Y X S D L O N S U E Ñ O S K L G E A
T A L E N T O R I X N Q J E A P H E S P
I E L V L G O M D N I V E Q B Y Y N P F
N F V C O N F I A N Z A N V I O A C E U
P Y P Q Y C F F D H N C M X D I E I T L
C O C D I O H F Q N L F F H U Y N A O Q
C H W Z R N K Y F Y M K A O R J A X Q G
C O M P A S I Ó N J T P L N Í P T I Z V
A R J S U V C O R A Z Ó N O A S M N V I
H O N R A D E Z V E C R R R E G A L O S
P R I N C I P I O S A O V C L X X Z E I
Z Y Z T C K N I K E L Q Q G N L O W Z Ó
E S P E R A N Z A U C R N L I C K Z Y N
```

Encuentra las palabras:

dignidad	honradez	honor	corazón	imaginación
compasión	confianza	respeto	valentía	sabiduría
inteligencia	regalos	visión	talento	fuerza
esperanza	principios	valores	sueños	valor

¿Qué estás
pensando?

DECODIFICANDO

REVELA EL CÓDIGO USANDO LA LLAVE.

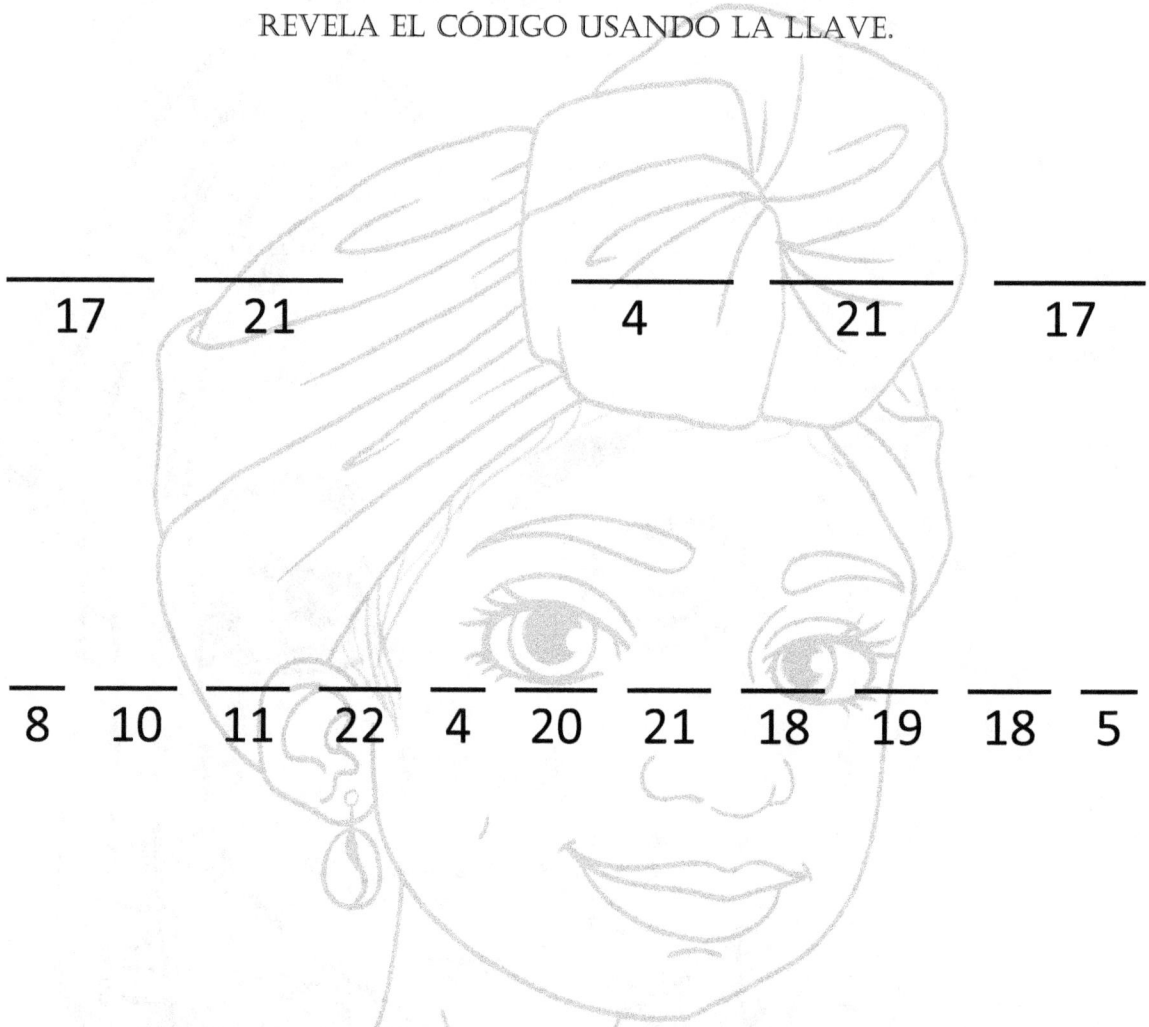

__ __ __ __ __
17 21   4 21 17

__ __ __ __ __ __ __ __ __ __ __ __ __
20 8 10 11 22 4 20 21 18 19 18 5 22

W	V	F	S	T	C	U	M	G	P	R	B	J
1	2	3	4	5	6	7	8	9	10	11	12	13

Z	Q	H	Y	N	A	I	O	E	L	X	D	K	Ñ
14	15	16	17	18	19	20	21	22	23	24	25	26	27

Yo soy impresionante.

Letras Perdidas:
Yo soy

_____

B_n_ta

_u_r_e

S_g_r_

I_te_ig_n_e

Medios de comunicación social

```
X G J E N L Í N E A L I M E N T A R G J
A M I G O S L A O N G A I Q U M Q E G Z
I R N H D O R Q C U W A E Q P S K J S J
K Y I L J N V B N J E K F S Q L Q Q N X
R N I N T R Y E M T R F B E N L A C E P
W E P E R F I L N N K E T I Q U E T A Á
P E R F I L U X O W N P B F L K L A S G
D L P U D I R B S E O C J P Y T W C O I
D L U P N H V B E F Y R T I R U K O N N
F Z F G R D N B G S E Z B M Z F X J N M A
E R T A K D O D U C B W X A P R K T H D
G V K V I G F J I F A V O R I T O R P E
U C O M E N T A R I O Y P R V O R A X I
S P N O M B R E D E U S U A R I O S S N
T Ú V F R J Y F Y Z A X B D N O K E E I
A B S I X D N T K I W H L X N G X Ñ G C
I L P A R T I C I P A C I Ó N A Q A U I
C I D V S Z W Z T I D B C Q T M W M I O
G C C R H H F B W L P D A G S P D D R C
K O C H G C H A R L A T R R X V E J H P
```

Encuentra las palabras:

charla	etiqueta	página de inicio	en línea	perfil
pizarra	enlace	contraseña	nombre de usuario	seguir
favorito	alimentar	perfil	no seguir	publicar
gusta	comentario	participación	público	amigos

Anagrama

1. grusae

   _____

2. nciciaes

   _____

3. clontígaeo

   _____

4. nnrieeagií

   _____

5. ámsmieattca

   _____

6. iécadm

   _____

Lista de Palabras

❖ médica   ❖ ingeniería   ❖ segura

❖ matemáticas   ❖ ciencias   ❖ tecnología

DECODIFICANDO

REVELA EL CÓDIGO USANDO LA LLAVE.

6 = C   11 = R   22 = E   21 = O

22 = E   18 = N   8 = M   20 = I

8 = M   20 = I   4 = S   8 = M   21 = O

W	V	F	S	T	C	U	M	G	P	R	B	J
1	2	3	4	5	6	7	8	9	10	11	12	13

Z	Q	H	Y	N	A	I	O	E	L	X	D	K	Ñ
14	15	16	17	18	19	20	21	22	23	24	25	26	27

Creo en mí mismo.

DIBUJA TU ROBOT

¿Qué puede hacer tu robot?

_____

¿Cuál es el nombre de tu robot?

_____

¿Cómo ayudará a la humanidad tu robot?

_____

_____

_____

Método Científico

Propósito/ Pregunta	**Realiza una pregunta basada en la observación. Investiga y observa. Pregunta y chequea.**
Hipótesis	**Haz una predicción basada en una idea que puedas probar. Haz una descripción minuciosa.**
Experimento	**Prueba la hipótesis**
Datos	**Observa qué ocurre. Recolecta información que pueda dar una explicación. Mide y registra los datos con precisión.**
Conclusión	**Revisa tus datos y mira si tu hipótesis era correcta. ¿Qué encontraste o descubriste?**
Compartir resultados	**Comparte la información**

Espacio de las ciencias

```
S O R O E J T S V M N T E W K Y D F P C
O U Q S C F V Q Z D A W M D B M Y D G E
L E J A L T V E J M F N U T E E D O I M
A P V M I L I F J A H B X E C T X V D F
R N F A P D U F Z P E R U L N E Y G A K
X T D Y S G Q V N U R T C E G O H J W L
R T J O E C E N E R G Í A S P R V T H R
T D D R Z G F Z G P S A O C L O K O I E
Y S I S T E M A S O L A R O A G T R R S
G V G R A V E D A D S C H P N O I W E T
Ó R B I T A D K X H S O I E V R B A R
O F C Q X S B D Y V F Y N O T O D D K E
S A T É L I T E T A H B H J A E O W Q L
V K T Z W Q O J N N X E R C M J K E L L
G A L A X I A S O D C O M E T A S Y U A
E I P L A N E T A S M H P J V K C R N S
C O N S T E L A C I Ó N C D L A L Q A S
L V R F P M Q Q P A R L A T I E R R A O
A S T E R O I D E S O L K M M E Q S X I
L N O X G R Z Y L Q J M L M F I O P Z V
```

Encuentra las palabras:

energía	La Tierra	galaxias	planetas	gravedad
luna	solar	estrellas	Osa Mayor	cometas
telescopio	órbita	constelación	asteroide	sistema solar
eclipse	planeta	satélite	meteoro	sol

DanaClarkColors.com

Breve Historia

Usa las siguientes palabras para escribir una breve historia:

Ciencia	Hipótesis	Computadora
Energía	Problema	Amigos
Átomo	Datos	Esperanza

Anagrama

1. niatioT   _____

2. alaPt   _____

3. íNueql   _____

4. oliPnta   _____

5. roCbe   _____

6. Oor   _____

Lista de Palabras

❖ **Plata**   ❖ **Níquel**   ❖ **Cobre**

❖ **Platino**   ❖ **Titanio**   ❖ **Oro**

Letras Perdidas: Tecnología

_of_w__e

l_t__ne_

Co_ta_ue_os

D_s_a_ga

hora del laberinto

DECODIFICANDO

REVELA EL CÓDIGO USANDO LA LLAVE.

__10__ __7__ __22__ __25__ __21__

__4__ __22__ __11__

__6__ __7__ __19__ __23__ __15__ __7__ __20__ __22__ __11__

__6__ __21__ __4__ __19__

W	V	F	S	T	C	U	M	G	P	R	B	J
1	2	3	4	5	6	7	8	9	10	11	12	13

Z	Q	H	Y	N	A	I	O	E	L	X	D	K	Ñ
14	15	16	17	18	19	20	21	22	23	24	25	26	27

Puedo ser cualquier cosa.

SOY

```
J  G  S  A  I  R  B  O  A  B  F  L  F  D  C  I  A  J  X  M
M  K  I  P  I  X  U  I  K  K  I  Y  O  E  E  Q  U  E  F  V
W  Y  W  F  K  M  S  P  U  S  R  M  R  Y  S  A  F  I  U  B
O  E  Z  R  D  Q  V  N  S  W  G  I  M  G  Y  M  E  Z  E  F
J  E  T  K  Q  O  U  V  H  S  L  Z  I  V  F  A  L  G  R  B
H  X  A  F  E  B  A  N  H  F  A  O  D  N  R  B  I  U  T  O
N  F  O  O  X  W  A  G  D  A  J  S  A  F  T  L  Z  A  E  N
I  N  C  R  E  Í  B  L  E  P  R  H  B  I  O  E  U  P  G  I
M  A  F  S  L  D  H  Z  O  A  F  K  L  C  D  U  O  A  M  T
P  M  D  D  G  R  T  B  O  F  P  O  E  R  B  C  L  S  A  A
R  O  P  O  S  I  T  I  V  A  Y  X  Y  U  S  E  G  U  R  A
E  R  I  P  Z  N  N  W  T  H  W  U  U  M  A  Z  M  Q  A  B
S  T  P  R  E  C  I  O  S  A  G  W  J  K  U  F  A  S  V  S
I  P  P  B  W  I  G  A  G  R  A  D  A  B  L  E  G  F  I  E
O  E  S  P  E  C  T  A  C  U  L  A  R  Y  H  U  N  K  L  X
N  E  S  P  L  É  N  D  I  D  A  N  V  T  L  K  Í  P  L  G
A  S  O  B  R  E  S  A  L  I  E  N  T  E  D  J  F  Q  O  Y
N  B  V  B  C  U  A  V  T  B  T  Z  N  V  A  L  I  O  S  A
T  E  X  T  R  A  O  R  D  I  N  A  R  I  A  O  C  A  A  R
E  C  A  Y  P  W  R  U  Z  I  G  H  W  M  K  E  A  Q  V  C
```

Encuentra las palabras:

bonita	agradable	preciosa	guapa	segura
impresionante	amor	positiva	valiosa	espectacular
increíble	maravillosa	magnífica	formidable	amable
feliz	espléndida	sobresaliente	extraordinaria	fuerte

Estantería de Libros

Nombra los libros que planeas leer este año.

_____

_____

_____

_____

_____

_____

_____

¡¡¡FICHAS!!!

✂

H 1	**He** 2
C 6	**N** 7
O 8	**Na** 11
K 19	**Ca** 20
Pt 78	**Au** 79
Hg 80	**Pb** 82

Tabla Periódica

¡¡¡FICHAS!!!

✂

Helio	Hidrógeno
Nitrógeno	Carbono
Sodio	Oxígeno
Calcio	Potasio
Oro	Platino
Plomo	Mercurio

Tabla Periódica

Yo sé Quién Soy
Escribe sobre tus amigos

¿Quiénes son tus amigos?

_____

_____

¿ Tienen tus amigos los mismos valores que tú? ¿Cuáles son tus valores?

_____

_____

¿Cómo te ayudan tus amigos para dar lo mejor de ti?

_____

_____

¿Cómo te dicen la verdad tus amigos?

_____

_____

¿Tu familia conoce a tus amigos?

_____

_____

¿Qué hacen tus amigos para escucharte?

_____

_____

¿ Qué hacen tus amigos para que te sientas valorado?

_____

_____

¿Cómo hacen tus amigos para que te sientas bien contigo mismo?

_____

_____

DECODIFICANDO

REVELA EL CÓDIGO USANDO LA LLAVE.

5	22	18	9	21

7	18	19

12	21	18	20	5	19

20	8	19	9	20	18	19	6	20	21	18

W	V	F	S	T	C	U	M	G	P	R	B	J
1	2	3	4	5	6	7	8	9	10	11	12	13

Z	Q	H	Y	N	A	I	O	E	L	X	D	K	Ñ
14	15	16	17	18	19	20	21	22	23	24	25	26	27

Tengo una bonita
imaginación.

Letras Perdidas:
Yo valoro

_ol_b_ra_i_n
_ _ _ _ _ _ _ _ _ _

i_ov_ci
_ _ _ _ _ _ _ _

i_a_i_ci_n
_ _ _ _ _ _ _ _ _

_re_ti_id_d
_ _ _ _ _ _ _ _ _ _

Todos Cometemos Errores

Es importante:

1. Aceptar tu error. 2. Perdonarte a ti mismo. 3. Rectificar tu error.

Escribe sobre uno de tus errores, cómo te perdonas, y cómo lo rectificas.

☆ Anagrama ☆

1. aidmnAa

   _____

2. Dgnia

   _____

3. adioaMtv

   _____

4. iOttpsaim

   _____

5. dnspaaIri

   _____

6. tliVenea

   _____

Lista de Palabras

★ Animada   ★ Inspirada   ★ Optimista

★ Motivada   ★ Digna   ★ Valiente

Letras Perdidas:
Yo soy
_____

R_sp_t_o_a

G_n_r_s_

C_ _si_er_d_

Co_pa_iv_

Vamos a dibujar

Usa la cuadrícula como guía para ayudarte a dibujar la imagen.

Descubre una nueva estrella

Nombra tu estrella.

_____

Médico

```
T A B L A D E V I S I Ó N R P A K T R F
P R E S C R I P C I Ó N G V X Q P M S Z
W R Q G L A M X Q Y H K M T G N K E B H
T R T Q M M V L E K E V E L J P W B R R
T O A L L I T A S D E A L C O H O L A E
D I A G N Ó S T I C O E Z C N P N Q Z V
R J C A L P V B R K B X V D U E N P A I
V V I A D A S E T T J N W E A D G Y L S
A N S T N C C D G D O S S L I A I E I
C W A H Y I R H X H G T Í T T A L R T Ó
U L K A K E I D E V C E N E R T H W E N
N B G F B N Z W Q N C R T T A R D H D M
A W A Z P T F O A L C M O O Y A O Q E É
M V S H A E G D J Z P Ó M S O P C G P D
L U A B A L A N Z A K M A C S K T Y R I
M E D I C I N A K Z J E M O X Q O Q E C
E X F O L I A N T E E T C P J E R U S A
N T O T O S C O P I O R W I Z H E C I E
O U T M G Z Z E G J B O K O D J I P Ó O
Q T C C O R A Z Ó N D U M H L P M A N W
```

Encuentra las palabras:

balanza	termómetro	pediatra	corazón
toallitas de alcohol	paciente	xayos x	vacuna
brazalete de presión	otoscopio	síntoma	medicina
tabla de visión	estetoscopio	diagnóstico	prescripción
revisión médica	exfoliante	doctor	gasa

DECODIFICANDO

REVELA EL CÓDIGO USANDO LA LLAVE.

___ ___ ___ ___ ___ ___ ___
22   4   6   7   6   16   21

___ ___
8   20

___ ___ ___ ___ ___ ___ ___
6   21   11   19   14   21   18

W	V	F	S	T	C	U	M	G	P	R	B	J
1	2	3	4	5	6	7	8	9	10	11	12	13

Z	Q	H	Y	N	A	I	O	E	L	X	D	K	Ñ
14	15	16	17	18	19	20	21	22	23	24	25	26	27

Escucho mi corazón.

Vamos a dibujar

Usa la cuadrícula como guía para ayudarte a dibujar la imagen.

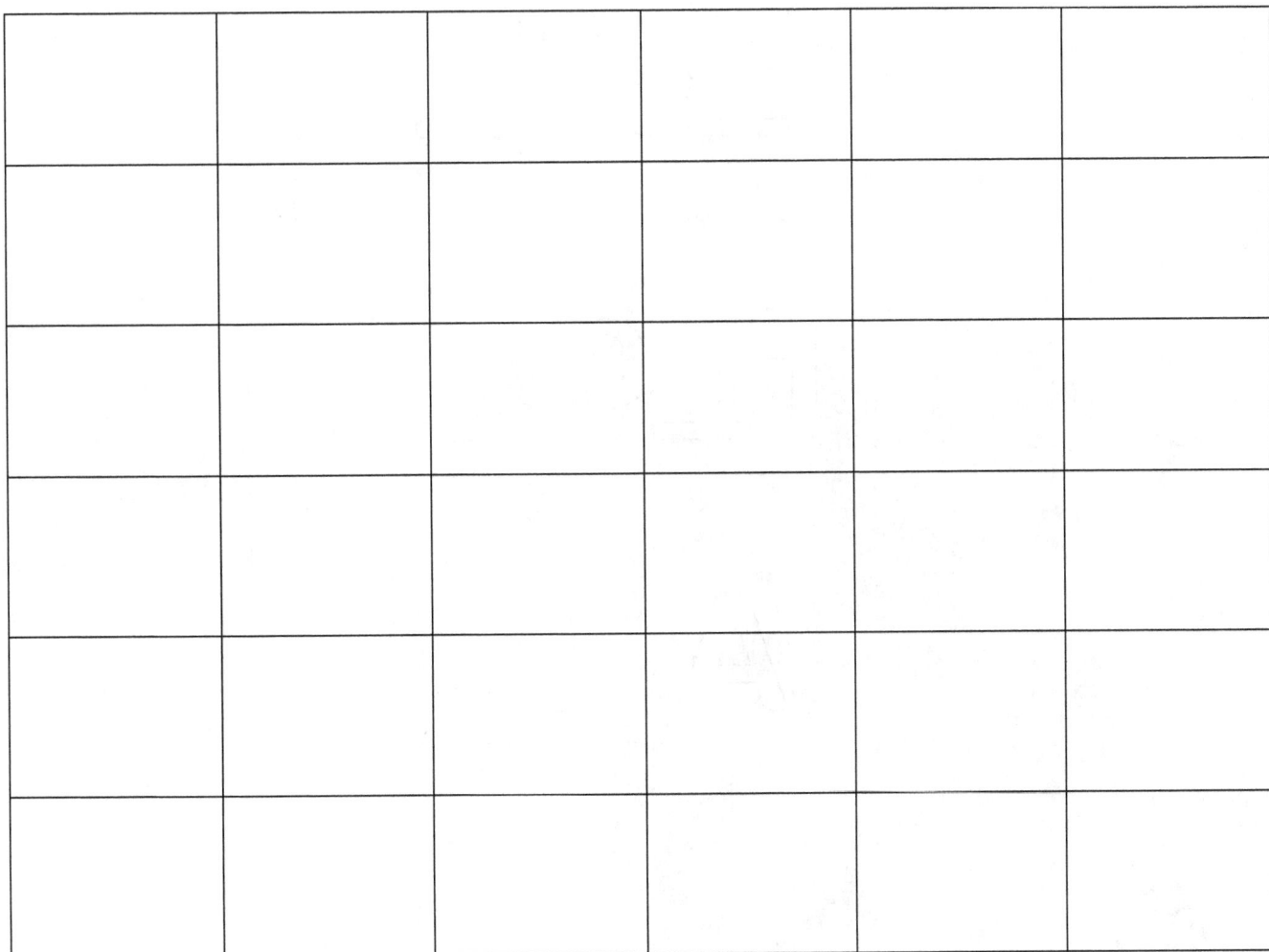

Letras Perdidas:
Elementos

T_er_

_gu_

F_eg_

A_r_

Ingeniería

```
B  I  O  M  É  D  I  C  A  R  M  K  S  M  W  L  E  R  M  F
D  A  U  I  J  P  E  Y  X  J  F  P  S  F  B  Y  R  C  W  H
P  C  L  I  J  V  I  D  D  Z  C  J  B  K  A  K  F  W  R  C
J  T  M  P  E  C  N  X  Q  I  D  L  S  T  S  P  F  X  L  I
D  H  E  V  R  Z  R  J  M  I  S  M  M  Z  R  U  X  A  T  Y
N  W  C  F  E  R  W  V  Q  Y  K  R  E  H  M  Z  X  C  H  J
A  S  Á  M  Q  Y  R  M  O  N  J  K  D  P  H  E  O  C  C  C
E  C  N  A  G  R  Í  C  O  L  A  V  I  J  F  Q  G  U  E  D
L  D  I  M  A  R  I  N  A  O  M  I  D  P  Z  L  E  K  L  I
S  Z  C  P  W  G  W  A  Z  F  Z  N  A  A  W  A  O  Y  É  X
S  W  A  Y  Q  U  Í  M  I  C  A  J  L  L  R  M  T  I  C  X
O  N  U  C  L  E  A  R  J  B  D  X  D  I  O  B  É  N  T  X
C  O  M  P  U  T  A  D  O  R  A  H  S  P  X  I  C  G  R  N
A  E  R  O  E  S  P  A  C  I  A  L  L  R  C  E  N  E  I  R
A  R  Q  U  I  T  E  C  T  Ó  N  I  C  O  I  N  I  N  C  V
G  E  O  T  É  C  N  I  C  A  J  H  O  T  V  T  C  I  O  K
P  E  T  R  Ó  L  E  O  A  X  N  D  E  Z  I  A  O  E  B  G
R  O  B  Ó  T  I  C  A  Q  J  K  W  T  D  L  L  K  R  W  K
B  I  O  M  E  C  Á  N  I  C  A  U  G  B  C  T  Z  Í  J  O
A  U  T  O  M  O  T  R  I  Z  K  G  V  M  I  P  C  A  U  F
```

Encuentra las palabras:

medida	arquitectónico	química	aeroespacial
civil	mecánica	ambiental	geotécnico
marina	geotécnica	petróleo	ingeniería
nuclear	computadora	eléctrico	robótica
biomédica	biomecánica	automotriz	agrícola

La gratitud es la mejor actitud.

A DanaClarkColors.com le gustaría que siempre mantuvieras las tarjetas de GRACIAS.

✂

GRACIAS

_____

_____

_____

_____

GRACIAS

_____

_____

_____

_____

GRACIAS

_____

_____

_____

_____

GRACIAS

_____

_____

_____

_____

DanaClarkColors.com
Breve Historia

Usa las siguientes palabras para escribir una breve historia:

Amor   Juntos   Pelo
Hermanas   Confianza   Arte
Hermosa   Música   Descubrir

Seguridad Cibernética

1. Seré discreta y no daré información personal tal como mi dirección o número de teléfono.
2. No daré mi contraseña de internet a nadie (incluso mis mejores amigos). Mi contraseña es solo para mí y mis padres.
3. Seré consciente de mi entorno en la red y contaré a mis padres de inmediato si me cruzo con cualquier información que me haga sentir incómoda.
4. Confiaré en mis valores y no haré nada que dañe a otras personas o que vaya en contra de la ley.
5. Me mantendré segura y nunca aceptaré encontrarme en persona con alguien que haya conocido en línea.
6. Seré respetuosa y navegaré por internet cuando mis padres estén de acuerdo.
7. No responderé a ningún mensaje por la red que pueda hacerme sentir incómoda. No es mi culpa si tengo un mensaje como ese. Si lo tengo, se lo contaré a mis padres de inmediato.
8. Protegeré los dispositivos y la privacidad de mi familia, chequeando con mis padres antes de descargar o instalar software o aplicaciones.
9. Hablaré con mis padres para establecer algunas reglas para navegar por la red.
10. Mis padres y yo compartiremos como divertirnos y aprender usando internet y las herramientas en línea.

Estoy de acuerdo con lo de arriba.

_____

Firma de la niña aquí

Ayudaré a mi niña a seguir este acuerdo y permitiré un uso razonable de internet.

_____

Firma de los padres aquí

Artistas:

Shakira Rivers

Chaka Laker-Ojok

J. D. Wright

Tranductor:

Kike Morales Sánchez

Editor:

Marina Amor

Relaciones Públicas:

Danielle Nelson

Contribuidores:

Stephanie R. Spriggs

Billy D. Wright

Toni L. Wright

Creadora:

J. D. Wright

www.ingramcontent.com/pod-product-compliance
Lightning Source LLC
Chambersburg PA
CBHW051416200326
41520CB00023B/7253

9 780996 978231